Dieses unnötige Buch gehört:

_____

Vorwort

„Ein Erwachsenen Malbuch mit Schimpfwörter, für wen soll das denn sein?"

Das wird sich wohl der Ein oder Andere denken, wenn er dieses Buch in der Hand hält. Überraschung: wer hätte es gedacht, es ist für Erwachsene. Mal Spaß bei Seite.

Dieses Buch richtet sich an alle Menschen, die von Zeit zu Zeit mit Stress im Alltag zu kämpfen haben: sei es der Verkehr, der launische Chef oder die nervigen Kollegen. Es fungiert gewissermaßen als Stressbewältigungsmittel.

Bevor du also das nächste Mal deine Angestellten oder deinen Ehepartner anfährst solltest du dich mit Buch und Malstift bewaffnen. Hier kannst du nach Herzenslust deine Laune rauslassen. Alles andere wäre auch scheiße.

Nachdem wir das Niveau dieses Meisterwerkes nun geklärt haben, kannst du dich direkt ins Vergnügen stürzen. Lese am besten noch die Gebrauchsanleitung sonst müssen wir davon ausgehen, dass du zu dumm bist, dieses Buch zu füllen.

- Viel Spaß

PS: Dieses Schriftstück stellt keinen Ersatz für einen Psychologen dar. Such dir also professionelle Hilfe, wenn du denkst, dass du diese benötigst.

Gebrauchsanweisung

Um dieses Buch richtig zu benutzen erhältst du hier einige nützliche Tipps:

Buchstabenseiten müssen mit Beleidigungen aus-gefüllt werden, die mit entsprechendem Buchstaben beginnen. Außerdem solltest du eine kleine Zeichnung oder Skizze einbringen. Sicherlich ist der Name deines Vorgesetzten auch irgendwo richtig vertreten.

Mindestvorraussetzung für jeden Buchstaben:
20 Beleidigungen und eine Zeichnung

Malseiten sind wesentlich komplexer zu bewältigen. Um diese als geschafft anzuerkennen, musst du mindestens 5 Buntstifte benutzen. (Dass es unter-schiedliche Farben sein sollen ist eigentlich klar, wollten es in deinem speziellen Fall aber nochmal erwähnen.)

Benutze mindestens
fünf Farben

E wie...
Edelsau, Ekel,
Herr Eckert

Am Ende des Buches kannst du nachschauen, wie viele Errungenschaften du geleistet hast.

wie Affenhirn

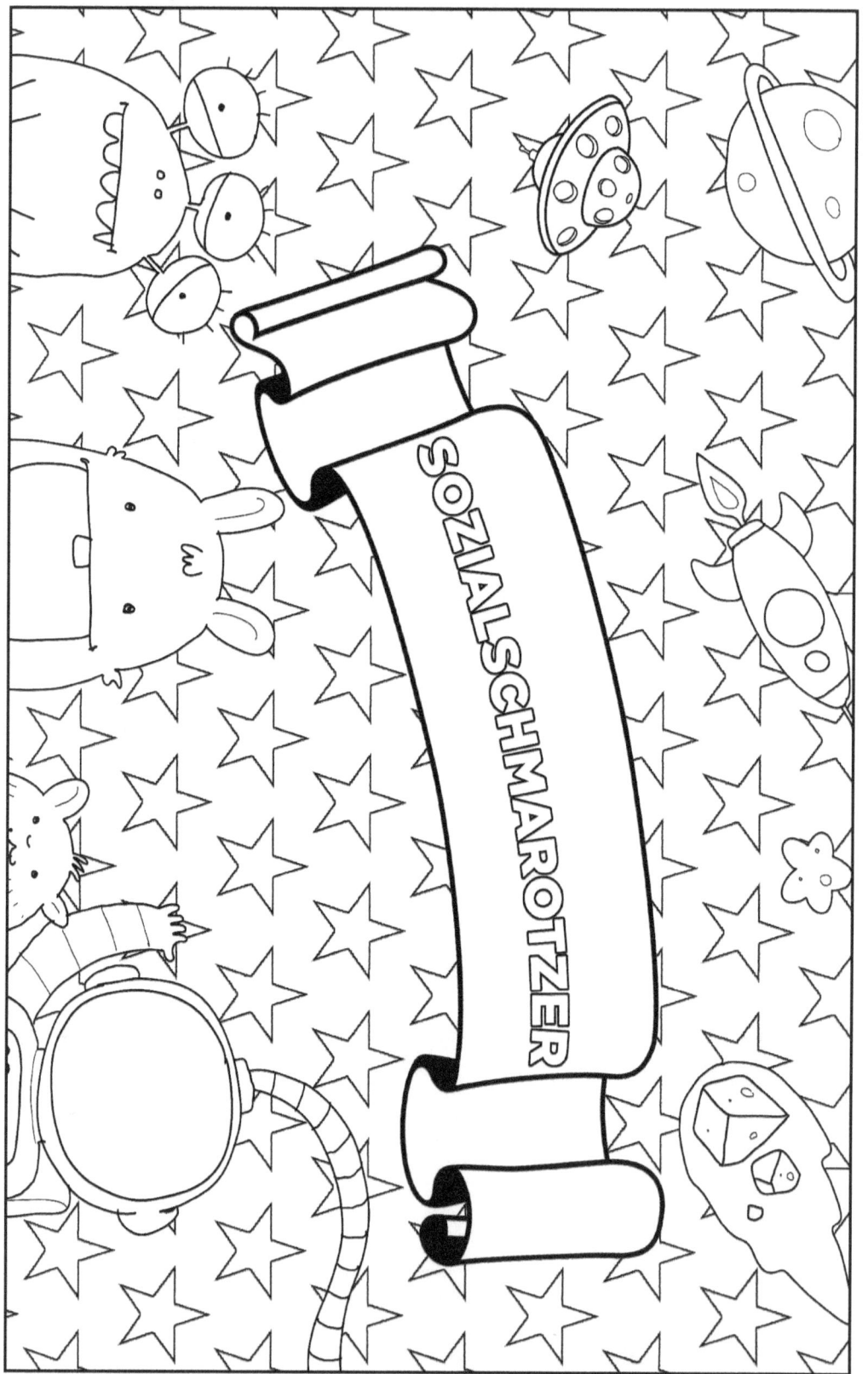

wie Backsteinfresse

wie Cracknutte

wie Dorftrottel

wie Eierkopf

wie Fickfrosch

wie Gesichtsgrätsche

wie Hurensohn

wie Intelligenzdefizit

wie Jammerlappen

wie Kamelficker

wie Lauch

wie Mongo

wie Nuttenpreller

PFANNKUCHENGESICHT

wie Ochsenknecht

wie Pimmelberger

wie Quasselstrippe

wie Rosettenlecker

wie Schabracke

HACKFRESSE

wie Tussnelda

wie Untermensch

Das Büro ist kein Ponyhof

wie Virenschleuder

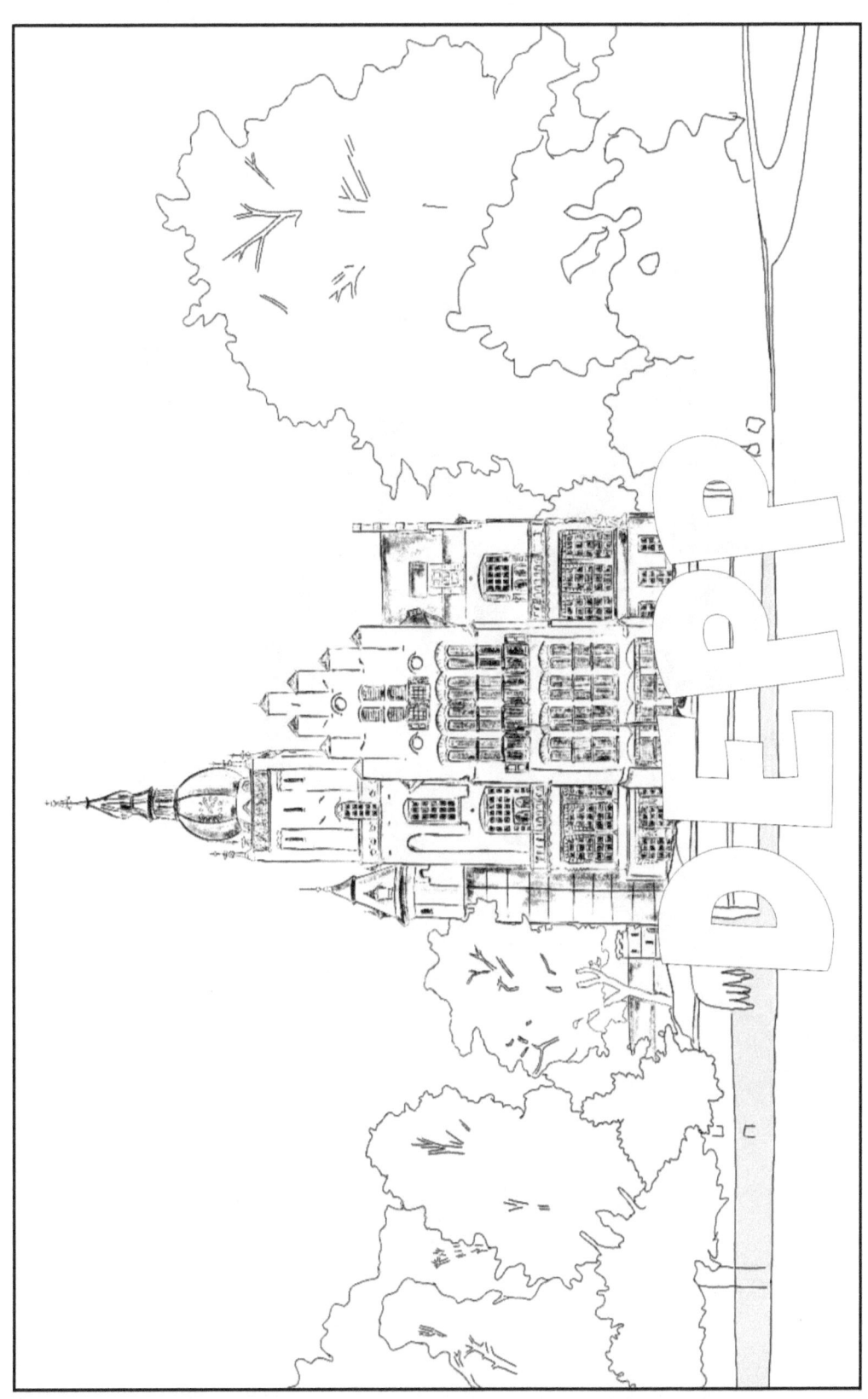

wie Wanderhure

wie Xylophonfresse

wie Yakhoden

wie Zuchtschwein

LASS ALLES RAUS

Verdammter dreckiger Hundesohn mit Minderwertigkeitskomplexen und geschwürenartigem Gesicht

Errungenschaften

Wie hast du dich bisher geschlagen? Hier findest du das Level deiner Bosheit. Versuche so viel Ziele zu erreichen wie nur irgendwie möglich um dich selbst als Zerstörer bezeichnen zu können.
Wir stellen vor:

Loses Mundwerk (01-11 der A-Z Seiten)

Mit den paar wenigen Schimpfwörtern kannst du dich höchstens auf dem Pausenhof behaupten. Jedoch hat jedes große Ziel mit dem ersten Schritt begonnen. Also gehe weiter und strebe Höheres an.

Freches Kerlchen (02-22 der A-Z Seiten)

Passable Leistung aber noch Luft nach oben. Damit hast du wohl alle einfachen Buchstaben des Alphabets durch. Wenn du jetzt noch dein wahres Können unter Beweis stellen willst solltest du dich an die Königsklasse wagen.

Kreativer Kopf (Q,X,Y,Z und Lass Alles Raus)

Einfach unglaublich. Du bist der Göthe unter den schlimmen Fingern und verstehst es, dich mit einem breitgefächertem Vokabular auszudrücken. Die erste Hälfte ist damit gemeistert.

Böser Bub (01-20 ausgemalte Seiten)

Das ist ja süß. Da malt ja meine kleine
Schwester mehr Seiten aus. Streng dich
mehr an dann bekommst du eventuell
die Anerkennung, nach der du dich sehnst.

Beelzebub (21-40 ausgemalte Seiten)

Nicht schlecht. Mit soviel Erfahrung solltest du deine
Kunstwerke als Graffiti verewigen. Schaffst du jetzt
noch die letzten 20 Seiten um den wahren Picasso in dir
zu wecken? Das Ziel ist zum Greifen nah!

Asoziales Pack (41-60 ausgemalte Seiten)

Soviel Schimpfwörter wie du ausgemalt hast muss man
erst mal schaffen. Hinter soviel Arbeit müssen sich
eine Menge Aggressionen verbergen. Gut, dass du die
Energie in Sinnvolles wie dieses Malbuch gesteckt hast.

Zerstörer (ALLES ERLEDIGT)

Hut ab. Du hast nicht nur deine Malstifte zum Glühen
gebracht, sondern auch bewiesen, dass du ein Meister
des Sprachgebrauchs des Untergrundes bist. Luzifer
höchstpersönlich kann sich von dir noch eine Scheibe
abschneiden.

Vielen Dank!

Wir hoffen, dass euch das Buch gefallen hat.
Über eine Bewertung oder Verbesserungs-
vorschläge würden wir uns sehr freuen!

Impressum:

Lem N Lov Publishing
vertreten durch:
Julia Kirberger &
Oliver Al Kass
Alle Rechte vorbehalten.

julia.kirberger@gmail.com
oliver.alkass@gmail.com
Landauer Straße 3
67346 Speyer